MEIN ERSTES
BESTIMMUNGSBUCH

SPUREN

Gertrude Maurer

SPUREN

Mein erstes Bestimmungsbuch

Ernst Klett Verlag

Autorin und Verlag danken für fachliche Beratung: Frau Oberstudienrat Dr. Hedwig List, Pädagogische Akademie des Bundes in Wien.

Die Fotos stammen von: Bildagentur Mauritius (Seite 77), H. Heimpel (Seite 23, 67), G. Maurer (Seite 49), H. Schrempp (Seite 105), F. Sieber (Seite 57).

Künstlerische Gestaltung: akad. Maler Lothar Wanko
Layout: Gertrude Maurer
Montage von Text und Illustration: Bruno Wegscheider

Originalausgabe:
Jugend und Volk Verlagsgesellschaft m.b.H., Wien

4273-78/1/450.
Titel der Originalausgabe: Wer war denn das – Mein erstes Spurenbuch

Lizenzausgabe:
Ernst Klett Verlage GmbH u. Co. KG, Stuttgart

Zu der Reihe Mein erstes Bestimmungsbuch gehören:

Pflanzen und Tiere 1	Klett-Nr. 12552
Pflanzen und Tiere 2	Klett-Nr. 125521
Spuren	Klett-Nr. 125522
Gesteine und Mineralien	Klett-Nr. 125523

ISBN 3-12-125522-3

1. Auflage 1 5 4 3 2 1 | 1989 88 87 86 85

Alle diese Drucke dieser Auflage können im Unterricht nebeneinander benutzt werden. Die letzte Zahl bezeichnet das Jahr dieses Druckes.

Umschlaggestaltung: Hans Lämmle
Druck: Ernst Klett Druckerei

Inhalt:

Vorwort

Wer mit offenen Augen durch Wiese, Feld und Wald wandert, wird viel Schönes und Wunderbares, viel Interessantes und Staunenswertes finden. Oft sind es kleine „Entdeckungen", die unsere Aufmerksamkeit erregen und unsere Wißbegierde wachrufen: Fußabdrücke auf dem Boden, ein Versteck, ein verlassenes Nest, Losungen, eine Fraßspur.
„Wer ist hier gelaufen?" „Wer hat das Nest gebaut?" „Wer hat die Losung hinterlassen?" „Wer hat den Zapfen angenagt?" so fragt und rätselt man voll Neugierde.
Das vorliegende Buch will helfen, diese Spuren und Zeichen lesen und den „Täter" bestimmen zu können. Es will darüber hinaus auch zum Suchen von Spuren anregen und zu immer tieferen Begegnungen mit der Natur führen.
Die zahlreichen Bilder sollen nicht nur der Anschaulichkeit dienen. Sie werden sicher dazu beitragen, die Freude an der Natur zu wecken. Möge das Buch den eifrigen Naturbeobachter auf vielen Streifzügen durch Wald und Flur begleiten!

Wie man mit diesem Buch arbeitet

Das Spurenbuch befaßt sich mit Kennzeichen, die uns die Anwesenheit eines Tieres in der Natur verraten. Es bringt Abbildungen von Spuren (Trittspuren, Fraßspuren), Losungen, Bauen, Vogelnestern, Gallen, Gehäusen und anderem sowie Abbildungen der Tiere selbst. Es wurden jene Spuren und Zeichen ausgewählt, denen man in der Natur häufig begegnet. Neben der abgebildeten Spur oder dem Zeichen stehen der Name des „Täters“, Hinweise für das Erkennen und wichtige Erklärungen. Die farbigen Quadrate bei den Texten zeigen an, in welchen Lebensräumen die Tiere und ihre Spuren oder Zeichen zu finden sind:

- Wald
- Wiese
- Feld und Wegrand
- Wasser
- Gebirge
- Garten und Park
- Haus und Hof

Die Zahlen unterhalb des Textes haben folgende Bedeutung: Die eingeringelten Zahlen sind im Anhang des Buches (Seite 113 ff) wieder zu finden. Dort sind Anregungen für eine weitere Beschäftigung mit dem Entdeckten gegeben.
Die nicht eingeringelten Zahlen geben die Seite an, auf der der „Täter“ im Zusammenhang mit einer anderen Spur oder einem anderen Zeichen nochmals vorkommt.
Um mit dem Buch leicht und sicher arbeiten zu können, ist es wichtig, seinen Aufbau zu verstehen:
Der Bildteil des Buches ist in sechs Kapitel gegliedert, die den Arten der Spuren oder Zeichen entsprechen. Einige Kapitel sind nochmals unterteilt, so daß sich zwölf kleinere Abschnitte ergeben. Diese Gliederung ist kenntlich gemacht: jede Seite des Bildteiles trägt an der äußeren oberen Ecke das entsprechende Zeichen:

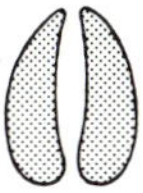
Trittspuren von Tieren mit Hufen

Trittspuren von Tieren mit Pfoten

Trittspuren von Vögeln

Losungen

Lager und Erdbaue

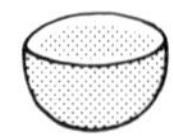
Vogelnester

Fraßspuren an Stamm und Zweig

Fraßspuren an Früchten

Fraßspuren an Blättern

andere Fraßspuren

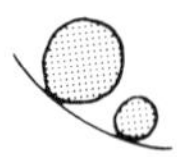
Gallen und Gehäuse

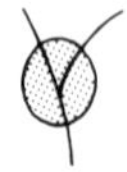
andere Zeichen

Ein Beispiel für das Bestimmen:

Man findet im Wald einen Zapfen, dessen Schuppen nach den Seiten wegstehen und zerhackt aussehen. Als erstes schlägt man im Buch das Kapitel „Fraßspuren" auf, dann blättert man bis zum Zeichen „Fraßspuren an Früchten". In diesem Abschnitt findet man Zapfen abgebildet und kann nun den gefundenen Zapfen mit den Bildern vergleichen. Glaubt man, die entsprechende Abbildung gefunden zu haben, liest man den Text und überprüft, ob alles übereinstimmt. Nachdem der „Täter" festgestellt ist – in diesem Fall ist es der Große Buntspecht (Seite 87) –, prägt man sich die Erkennungsmerkmale der Fraßspur gut ein. Wichtig ist es noch, sich das Bild des Tieres gut anzusehen und im Text das Wissenswerte über sein Verhalten zu lesen. Mit Hilfe der kleinen farbigen Quadrate kann man auch feststellen, daß die Fundstelle der Fraßspur – „im Wald" – mit dem Lebensraum des Großen Buntspechtes übereinstimmt; außerdem erfährt man, daß der Vogel auch im Lebensraum „Garten und Park" vorkommt. Nun beachte man noch die Zahlen beim Text: Unter (25) und (27) sind im Anhang Aufträge für eine weitere Beschäftigung mit den Fraßspuren des Spechtes zu finden. Die Zahlen 72, 81 und 89 geben die Buchseiten an, auf denen über den Großen Buntspecht und über andere Spechte noch mehr zu erfahren ist.

Man kann mit dem Buch auch anders arbeiten:

- Findet man in der Natur eine Spur und glaubt man, den „Täter" zu kennen, so schlägt man im alphabetischen Verzeichnis nach, das alle in diesem Buch vorkommenden Tiere enthält. Mit Hilfe der Seitenzahl gelangt man dann zur Abbildung der Spur und kann nun das Entdeckte mit dem Bild vergleichen. Auch in diesem Fall ist es wichtig, den Text aufmerksam zu lesen und sich – den eingeringelten Zahlen folgend – mit der Spur und dem Tier weiter zu beschäftigen.

- Sehr interessant ist es aber auch, mit dem Buch auf „Spurensuche" zu gehen. Das kann auf verschiedene Weise geschehen:
– Man wählt eine bestimmte Spurenart aus und trachtet, Beispiele in der Natur zu finden. Aus der Tabelle auf Seite 121 ersieht man, in welcher Jahreszeit bestimmte Spuren und Zeichen häufig zu entdecken sind. So wird man im Winter beim Suchen von Trittspuren erfolgreich sein, im Frühsommer hingegen, wenn man sein Augenmerk auf Pflanzengallen oder auf Fraßspuren an Blättern richtet. Wichtig ist es, vor dem Spurensuchen die betreffenden Abschnitte im Buch zu studieren. Oder:
– Man nimmt sich vor, nach Spuren zu suchen, die zu einer bestimmten Fundstelle gehören, zum Beispiel Spuren auf dem Boden, Spuren an Stamm und Zweigen, Spuren an Früchten, Spuren an Blättern. Diese Art des Spurensuchens läßt sich sehr gut gemeinsam mit Freunden durchführen. Jeder Beobachter „spezialisiert" sich auf einen bestimmten Bereich und zeigt den anderen, was er gefunden hat. An Hand des Buches wird dann versucht, die Spuren zu bestimmen.

- Vielleicht hat man manchmal Lust, als „Naturforscher" zu arbeiten, ohne vorher eine Spur bestimmt zu haben. In diesem Fall schlage man gleich den Anhang des Buches auf und wähle einen zur Jahreszeit passenden Auftrag aus. Mit Hilfe der Seitenangaben neben den Aufträgen findet man die Abbildungen der Spuren und Zeichen und der Tiere, mit welchen man sich dem Auftrag entsprechend beschäftigen soll.

- Will man Spuren und Zeichen im Laufe der Jahreszeiten planmäßig erforschen, sollte man vor der Arbeit in der Natur möglichst oft die Übersicht auf Seite 121 studieren. Außerdem präge man sich – den Seitenangaben folgend – die Bilder der zur Jahreszeit passenden Spuren und Zeichen und die dazugehörenden Texte gut ein.

Zu beachten!

• In diesem „ersten Spurenbuch" sind von den unzähligen verschiedenen Spuren und Zeichen, die die vielen Tausende von Tieren in der Natur hinterlassen, selbstverständlich nur einige – die häufigsten – dargestellt. Will man auch seltenere Spuren und Zeichen bestimmen, muß man umfangreichere Nachschlagewerke verwenden.

• Bevor das Buch für das Bestimmen verwendet wird, sollten die Seiten 13 bis 20 gelesen und die Skizzen gut studiert werden. Vieles, was die Bilder und Texte des Bestimmungsteiles aussagen, ist dann leichter zu verstehen.

• **Besonders wichtig ist es, bei jeder Beschäftigung mit der Natur den Gedanken des Natur- und Umweltschutzes zu beachten. Ein Beobachter und Spurenforscher, der die Natur liebt, wird niemals häßliche Spuren in der Natur hinterlassen.**

Was man für das Bestimmen von Spuren wissen sollte

Trittspuren

Die einzelnen Tritte sind Abdrücke der Auftrittsfläche eines Fußes. Scharf ausgeprägte Einzeltritte werden *Trittsiegel* genannt.

Auftrittsfläche / Trittsiegel eines Huftieres

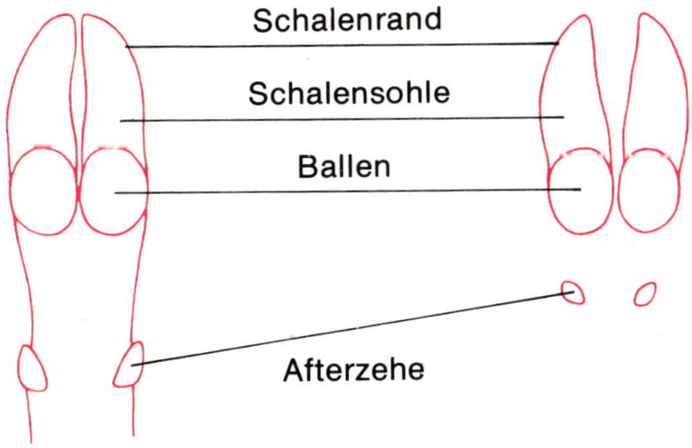

Trittsiegel eines Tieres mit Pfoten

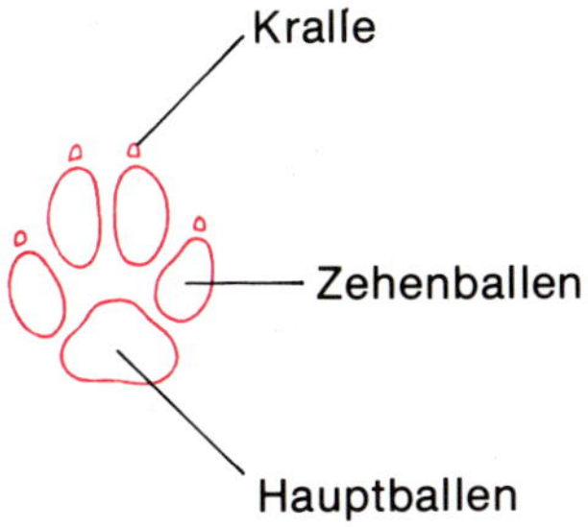

Trittsiegel eines Vogels

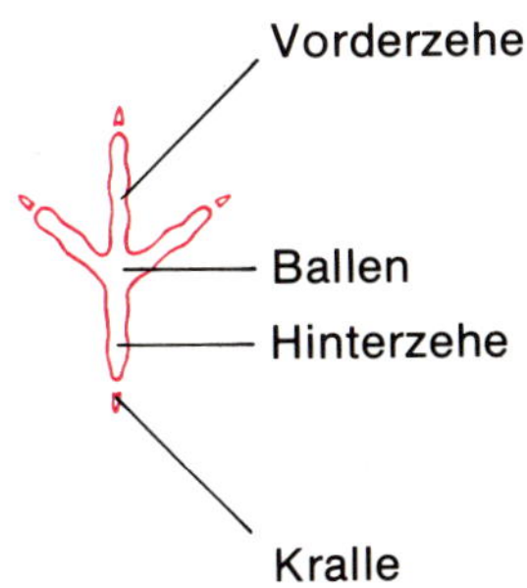

Nach der Sprache des Jägers unterscheidet man:

Fährten
von Tieren mit
Hufen

Spuren
von Tieren mit
Pfoten

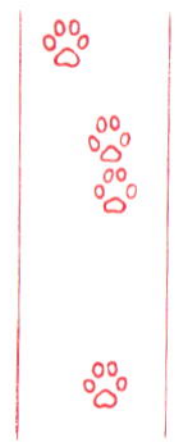

Geläufe
von Vögeln

Die Fährten- und Spurenfolgen sind je nach Tierart und Gangart der Tiere verschieden:

Doppeltritte

Schreiten (Ziehen) und *Traben (Trollen)*
Die Hinterbeine werden mehr oder minder genau in die Tritte der Vorderbeine gesetzt; es entstehen Doppeltritte.

Galoppieren (Flüchten)
Die Hinterbeine greifen über die Vorderbeine; es entstehen Einzeltritte.

Einzeltritte

Beschleunigtes Traben: „Schnüren“

Die Hinterbeine werden genau in die Tritte der Vorderbeine gesetzt; die Doppeltritte liegen genau hintereinander.

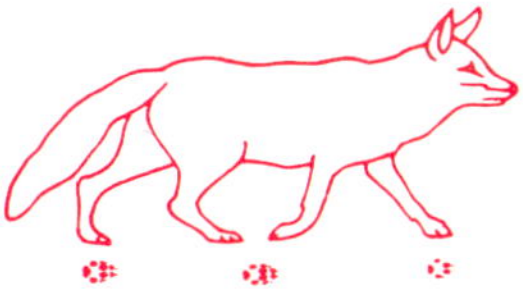

Doppeltritte

Springen: „Hasensprung“ (Hoppeln)

Die Hinterbeine werden auf beiden Seiten von außen vor die Vorderbeine gesetzt.

Einzeltritte

Springen: „Paarsprung“

Die Hinterbeine werden genau in die Tritte der Vorderbeine gesetzt.

Doppeltritte

Schreiten

Die Füße werden einzeln voreinander gesetzt.

Hüpfen

Die Füße werden gleichzeitig nebeneinander aufgesetzt.

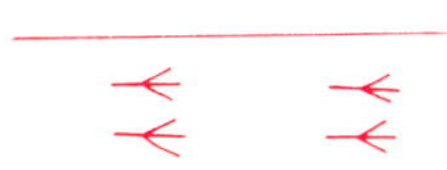

Einzeltritte

Das Entdecken einer getretenen Spur – sei es eine Fährte im Schnee, ein Geläufe im feuchten Sand oder der Abdruck einer einzelnen Pfote im weichen Waldboden – löst fast in jedem Menschen Freude und Spannung aus. Sehr selten und zumeist nur für wenige Augenblicke kommen wir auf unseren Streifzügen durch die Natur einem Tier selbst nahe. Wir sehen das flüchtige Wild, einen aufflatternden Vogel und hören vielleicht einen Tierruf. Spuren gewähren uns wenigstens einen kleinen Einblick in die Tierwelt.

Dem ungeübten Betrachter gibt eine getretene Spur allerlei Fragen und Rätsel auf. Wer hingegen etwas über Spuren weiß, der wird viel Interessantes aus ihr heraus„lesen" können: welches Lebewesen hier geschritten oder gesprungen, geschlichen oder geflüchtet ist; wo es sein Versteck, seinen Bau hat oder wohin es regelmäßig auf Nahrungssuche zieht. Wie ein Indianer beim Fährtenlesen kann er vielleicht sogar die „Geschichte" einer mühevollen Futtersuche oder einer aufregenden Verfolgungsjagd herausfinden.

Die beste Zeit, getretene Spuren zu finden und zu erkennen, ist wohl der Winter. In einer Schicht feinkörnigen Schnees von einigen Zentimetern Höhe, die auf einer harten Unterlage aufliegt, treten die Fußabdrücke klar und scharf hervor; selbst feine Einzelheiten sind leicht zu unterscheiden. In der schneefreien Zeit geht man am besten nach einem Regenwetter auf Spurensuche. Auf feuchtem, schwach lehmigem Boden oder im nassen Sand sind die Spuren deutlich zu sehen. Waldwege und eben erst ausgetrocknete Waldgräben und Wasserpfützen sind „Fundgruben" für den eifrigen Beobachter.

Die Kunst des Spurenlesens läßt uns in manche Geheimnisse der Natur eindringen.

Gemse
ziehend

Damhirsch
ziehend

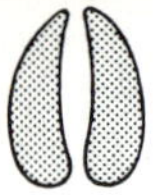

Rothirsch

Das Trittsiegel
ungefähr dopp
Rehs. Die Balle
ein Drittel der
Die Fluchtfährt
gespreizten Sc
an den starken
Afterzehen erk
Rothirsch mac
sieben Metern.

■ ① ②

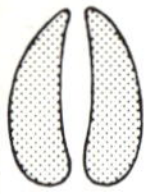

Reh

Das Trittsieg
als die Trittsi
Huftiere. Es
spitze Form.
die Schalens
gerichtet.
Das flüchten
springt; die
bis zu 4 m be
zeigen stark
abdrücke un
der Afterzehe

■ ① ②

Der Kot von Tieren – die sogenannte Losung – ist überall in der Natur zu finden und fällt selbst dem wenig geübten Beobachter auf. Tierlosung ist ein wichtiges Spurenzeichen. Sie „erzählt" nicht nur von der Ernährungsweise des Tieres, sondern gibt interessante Einblicke in sein Verhalten und in seine Lebensweise.

Recht einfach ist es, etwas über den „Speisezettel" eines Tieres zu erfahren: Zerkleinerte Pflanzenstengel, Samen, Käferflügel, kleine Knochen, Federn, Haare in der Losung geben darüber Aufschluß. Die Farbe der Losung hängt vielfach von der Farbe der aufgenommenen Nahrung ab. Beachtet man die Menge und die Form der Losung, kann man ohne Mühe erkennen, ob sie von einem Pflanzenfresser oder von einem Fleischfresser stammt. Pflanzenfresser haben zumeist eine kleine runde oder eiförmige Losung; sie geben große Mengen Losung ab. Die Losung der Fleischfresser ist häufig wurstförmig und an einem Ende zu einer Spitze ausgezogen; die Losungsmengen sind bedeutend geringer als die der Pflanzenfresser.

Interessant ist auch die Feststellung, wo die Losung abgegeben wird: Viele Tiere lassen ihre Losung irgendwo fallen, andere benützen besondere Plätze – sogenannte Latrinenplätze –, auf welchen sich nach und nach große Losungsmengen ansammeln; einige Tiere geben ihre Losung sogar in eine selbstgegrabene Vertiefung ab.

Auch der Geruch der Losung hat seine Bedeutung. Er spielt zumeist für die Paarung eine Rolle. Manche Tiere markieren (begrenzen) mit dem Duft ihrer Losung ihr Gebiet.

Die Losung ist also durchaus der Beachtung wert. Sie ist wie jede Naturgegebenheit mit vielen anderen Erscheinungen eng verwoben, und unsere Kenntnisse darüber führen uns einen Schritt näher zum Naturverstehen.

Häufig wird die Frage gestellt: Wo wohnen die Tiere in der Natur eigentlich? Wo halten sie sich versteckt, daß wir sie so wenig zu Gesicht bekommen?
Die Wohnstätten der Tiere sind vielfältig: Ein einfaches Lager auf dem Waldboden, eine natürliche Bodenvertiefung, ein gegrabenes Erdloch, ein unterirdisch angelegter Bau mit weitverzweigten Gängen, ein kunstvolles Nest im Gestrüpp – dies sind nur einige Formen aus der reichen Fülle der Tierbehausungen.
Nur wenige Tiere haben einen Bau, den sie das ganze Jahr hindurch benutzen. Zumeist dient eine Wohnstätte nur der Aufzucht der Jungen oder zum Schutz gegen Feuchtigkeit und Kälte.
Allen Wohnstätten der Tiere ist eines gemeinsam: Sie liegen an einer Stelle, die gut verborgen oder für andere schwer zugänglich ist, und sind daher vor Entdeckung geschützt. Eine getretene Spur, aufgewühlte Erde, abgesetzte Losung, Futterreste oder der Geruch des Tieres können eine Tierwohnung verraten; ebenso das lebhafte Gehaben der Elterntiere während der Betreuung der Jungen. Durch den herbstlichen Laubfall werden viele Tierbaue, zum Beispiel die Nester im Gezweig, sichtbar.
Die Beobachtung von Tierbauen muß mit ganz besonderer Vorsicht und Zurückhaltung geschehen:

Niemals dürfen Tierbaue zerstört und die Tiere beunruhigt werden!

Vögel in der Brutzeit interessieren wohl jeden Menschen ganz besonders. Wer wollte nicht stundenlang beobachten, wie Vögel ihr Nest bauen oder ihre Jungen füttern! Aber auch die Betrachtung eines Nestes selbst kann Staunen und Bewunderung hervorrufen; sind doch Nester oft kleine Kunstwerke der Natur.

Die meisten Nester werden aus Pflanzenteilen gebaut: Äste, Zweige, Blätter, trockene Halme, Stengel, Wurzeln, Bast und dünne Rinde finden Verwendung. Ganz feine Materialien wie Moose, Flechten, Samenhaare, Federn und Tierborsten, Wolle und Spinnweben dienen zum Auspolstern der Nestmulde. Auch Lehm ist ein wichtiges Material für den Nestbau. Mit Lehm werden Nester verfestigt, Eingänge zu den Nisthöhlen verengt, und aus Lehm werden sogar ganze Nester zusammengeklebt. Jede Vogelart hat innerhalb eines bestimmten Lebensraumes ihren bestimmten Nistplatz. Auch die Nestform ist von Vogelart zu Vogelart verschieden. Wir kennen ausgescharrte Bodenmulden, flache Nester, kugelförmige und beutelartige Nester, tiefe Napfnester, viertelkugelige Schalen und viele andere mehr.

Die meisten Nester dienen nur der Aufzucht der Jungen. Selten wird ein Nest nach dem Flüggewerden der Brut noch als Schlafstätte benützt. Manche Vögel bauen alljährlich ein neues Nest, andere verstärken das Nest jedes Jahr durch neues Material.

Die Beschäftigung mit Vogelnestern führt in ein unendlich weites und besonders interessantes Gebiet der Tierkunde.

**Denken wir aber bei all unseren Beobachtungen daran,
daß die Vögel auf keinen Fall gestört werden dürfen,
sondern unseren ganz besonderen Schutz brauchen!**

Zu den vielen verschiedenen Spuren, die Tiere hinterlassen, zählen auch die Fraßspuren.
Ob es nun Schäl- oder Nagespuren an einem Baumstamm, feine Schnabelmarken an einer Nuß oder Minengänge in einem Blatt sind – dem Naturbeobachter bieten Fraßspuren besonders reiche Quellen für spannendste „Detektivarbeit":
Wurde die Rinde abgenagt oder abgeschabt? Ist der Zweig abgerupft oder abgebissen? Wurde das Blatt stückweise abgefressen oder wurden bestimmte Schichten im Inneren des Blattes aufgezehrt? Ist dies eine zersprengte, eine zertrümmerte oder eine abgenagte Nuß? Hat der „Täter" mit Nagezähnen, mit einem kleinen oder mit einem großen Schnabel oder mit „Scheren" gearbeitet?
Die Beschäftigung mit den Fraßspuren führt auch zum Problem der „Schädlinge" in der Tierwelt, vor allem in der Welt der Insekten. Die Natur selbst kennt weder schädliche noch nützliche Lebewesen. Ein Tier ist ein „Schädling" nur vom Standpunkt des Menschen aus, der seine Vorräte, seine Ernten, seinen Wald durch das massenhafte Auftreten bestimmter Tiere gefährdet sieht.
Die Ursache für die Ausbreitung von Schädlingen liegt freilich beim Menschen selbst. Er greift in die Natur ein und stört dadurch häufig wichtige Abläufe und Ordnungen.

Hirsch, Reh

Der „Verbiß“ an Zweigen und Trieben, der von Rehen und Hirschen stammt, ist an den unebenen und faserigen Bruchflächen zu erkennen.
Hirsche und Rehe haben im Oberkiefer statt der Schneidezähne eine Hornleiste; sie brechen oder reißen daher die Zweige ab.

Wenn die Tiere die Rinde der Bäume fressen, entstehen sogenannte „Schälstellen“. Lose sitzende Rinde wird in Streifen abgezogen, fest sitzende Rinde mit den Schneidezähnen des Unterkiefers abgeschabt.
Hirsche und Rehe hinterlassen senkrechte Furchen. Von Schafen und Ziegen verursachte Schälstellen erkennt man an den schräggestellten Zahnmarken.

■ 24, 25, 26, 28, 29, 52, 58

Mufflon

Hirsch

Reh

Feldhase, Wildkaninchen

Zweige und Triebe, die von Hasen oder Wildkaninchen ,,verbissen'' wurden, haben glatte, schräge Bißflächen. Hasen und Kaninchen schneiden die Triebe nämlich mit ihren scharfen Nagezähnen ab.

Hase

Hase und Kaninchen hinterlassen beim Rindennagen tiefe kräftige Furchen.

36, 53, 59, 62

Kaninchen

Rötelmaus

Nagestellen der Rötelmaus sind in den Baumkronen zu finden. Die Maus beginnt zumeist in den Astwinkeln zu nagen. Die Nagestellen setzen sich entlang der Äste und den Stamm hinauf fort; sie sind nicht ganz kahl, sondern zum Teil mit Rindenresten bedeckt.

88

Wühlmäuse

Das Rindennagen verschiedener Nagetiere tritt häufig in der futterknappen Zeit im Winter auf. Wühlmäuse benagen die Stämme ringsum vom Boden aus aufwärts; sie fressen aber auch unter der Erdoberfläche an den Wurzeln der Bäume.

54, 63, 89

Erdmaus

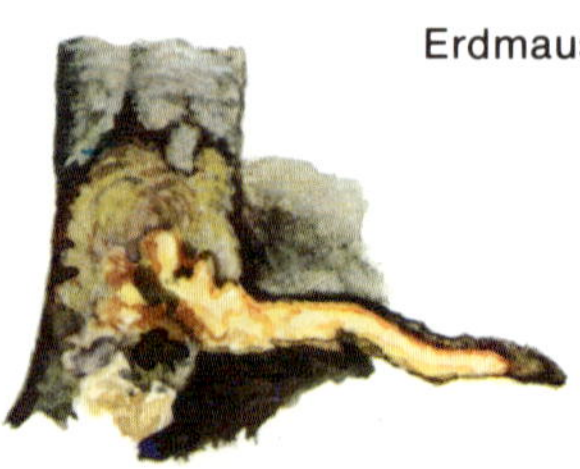

Ost-Schermaus
Große Wühlmaus

Spechte

Fraßspuren der Spechte sind an den langen schmalen Schnabelmarken und an den abgehackten Rindenstücken gut zu erkennen. Spechte hacken auf der Suche nach Insekten Löcher in die Stämme. Baumstümpfe und alte umgestürzte Stämme können von Spechten vollständig zerhackt oder zertrümmert werden.

(16) (21) 72, 87, 89

Eichhörnchen, Großer Waldgärtner

Unter Nadelbäumen ist oft eine große Zahl von abgenagten oder abgebrochenen Trieben, sogenannten „Absprüngen", zu finden.
Triebe, die vom Eichhörnchen „abgebissen" wurden, haben eine gleichmäßige Nagefläche.
Viele vom Wind abgebrochene Triebe wurden vorher vom Großen Waldgärtner, einem Borkenkäfer, angebohrt. Sie zeigen eine unregelmäßige Bruchfläche.

37, 54, 85, 86, 88

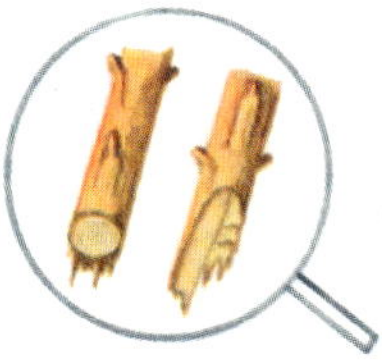

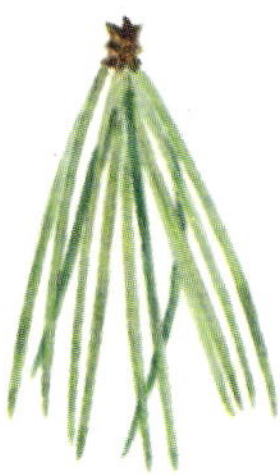

Roßameise oder
Riesenameise
Die Roß- oder Riesenameise legt ihr Nest häufig in Nadelholzstämmen an. Der Bau entsteht durch das Ausnagen der weichen Holzschichten der Jahresringe. Die weißen flockigen Nagespäne am Fuße des Stammes oder Hacklöcher des Spechtes „verraten" ihn.

(23)

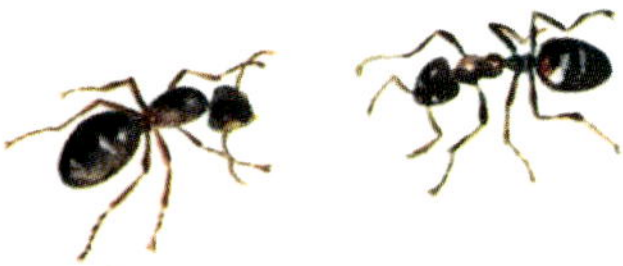

Riesenholzwespe
An Stämmen von Fichten und Tannen – auch an gefällten Bäumen – kann man häufig die kreisrunden Schlupflöcher der Riesenholzwespe sehen. Ihre Larve hat im Laufe ihrer Entwicklung röhrenförmige Gänge in den Stamm gefressen.

(23) (24)

Hausbock
Die Larven des Hausbocks gelangen mit gefälltem und geschnittenem Holz (mit Balken, Möbeln) in die Häuser. Sie leben bis zu zehn Jahren im Holz, das sie von innen her völlig zerfressen. Der Befall durch den Hausbock ist zumeist erst an den ovalen Ausschlupflöchern der Käfer zu erkennen.

(23)

Totenuhr oder **Trotzkopf**
Altes Holz kann vom „Holzwurm", der Larve eines Nagekäfers (Totenuhr oder Trotzkopf) befallen werden. Die Larve frißt unregelmäßige Gänge in das Holz und verpuppt sich darin. Die kleinen kreisrunden Fluglöcher der Jungkäfer und das herausrieselnde „Wurmmehl" zeigen den Befall an. Ebenso das „Ticken" im Holz: es wird von den Käfern verursacht, die mit dem Kopf gegen das Holz pochen.

(23)

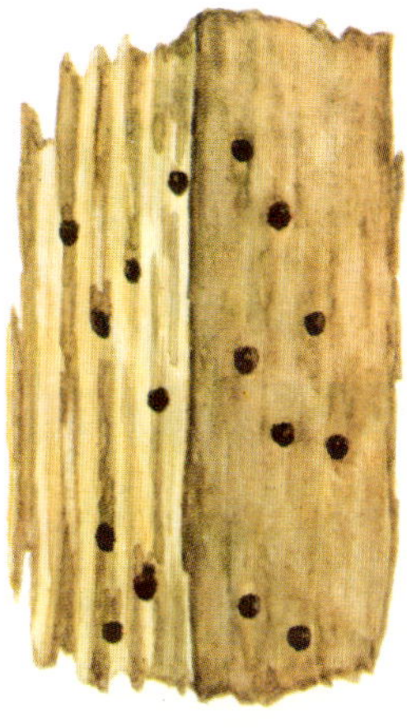

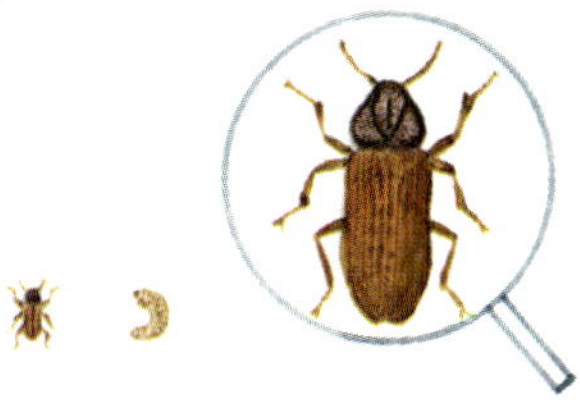

Eichhörnchen

Fichtenzapfen, die vom Eichhörnchen benagt wurden, sind am Grunde zerfasert und zugespitzt; auch die Spindel sieht zerfranst aus. An der Spitze steht ein Büschel unbeschädigter Schuppen. Kiefernzapfen sind häufig stark zerfranst oder auch gespalten. Auf dem Freßplatz des Eichhörnchens liegen oft Hunderte benagter Zapfen.

(25) (26) (27) 37, 54, 81, 88

Waldmaus

Die von der Waldmaus benagten Zapfen haben glatte Nageflächen und ein regelmäßiges Aussehen. Der Zapfengrund ist abgerundet; an der Spitze sind nur wenige Schuppen übriggelassen.
Kiefernzapfen, die noch am Zweig angewachsen sind, werden einseitig benagt.

(25) (27) 38, 54, 61, 88

Großer Buntspecht

Um den Samen herausholen zu können, klemmt der Große Buntspecht die Zapfen zumeist in eine Spalte eines Baumstammes, in eine sogenannte „Spechtschmiede“, ein. Die bearbeiteten Zapfen haben ein zerzaustes Aussehen: Die Schuppen sind zerhackt und stehen nach allen Seiten; nur der Zapfengrund ist unverletzt.

■ ■ (25) (27) 72, 81, 89

Fichtenkreuzschnabel

Aufgeschlitzte Schuppen an Fichtenzapfen sind Spuren des Fichtenkreuzschnabels. Die Samen werden zumeist aus den Zapfen herausgeholt, solange diese noch auf dem Baum hängen. An den viel härteren Kiefernzapfen „arbeitet“ der Kiefernkreuzschnabel; er hat einen kräftigeren Schnabel. Kreuzschnäbel treten häufig in Scharen auf.

■ (25) (27)

Eichhörnchen
Haselnüsse, die vom Eichhörnchen aufgebrochen wurden, haben eine große Öffnung und einen grob gezackten Schalenrand. Angenagte Nüsse zeigen eine Furche, die quer über die Spitze verläuft.

■ ■ (28) (29) 37, 54, 81, 86

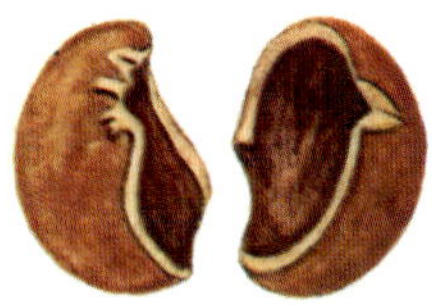

Waldmaus, Rötelmaus
Alle Mäuse nagen in die Haselnuß zuerst eine Öffnung, die dann auf verschiedene Weise vergrößert wird. Die Waldmaus nagt am Schalenrand von innen nach außen; die Nagespuren sind an der Außenseite der Nuß unter dem Lochrand zu sehen.
Die Rötelmaus nagt von außen nach innen: Der scharfkantige Lochrand zeigt an der Innenseite Nagespuren.

■ (28) 38, 54, 61, 80, 88

Waldmaus

Rötelmaus

Waldmaus

Rötelmaus

Ost-Schermaus oder
Große Wühlmaus
Die Schermaus benagt die Haselnuß ähnlich wie die Waldmaus. Durch ihren kräftigen Biß erhält der benagte Rand aber ein unregelmäßiges, gezacktes Aussehen. Bevor die Schermaus im Herbst ihr Lager mit Wintervorrat füllt, wirft sie die „alten" Schalen vor die Einschlupflöcher ihres Baues.

(28) 54, 63, 80

Großer Buntspecht
Auf den vom Specht bearbeiteten Haselnüssen sind häufig viele Marken des meißelartigen Schnabels zu sehen. Wie die Zapfen werden auch die Nüsse in „Spechtschmieden" eingeklemmt. Unter dem Freßplatz des Spechtes liegt oft eine Unzahl zerhackter Nußschalen.

(28) 72, 81, 87

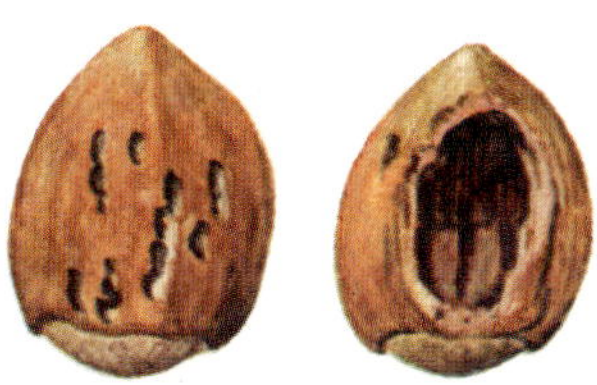

Kleiber

Der Kleiber – die Spechtmeise – befestigt die Haselnüsse ähnlich wie der Specht in den Ritzen der Baumrinde. Die leeren Schalen bleiben in den „Spechtmeisen-Schmieden" festgekeilt.

■ ■ (28) 72

Elster

Große runde Schnabelmarken an Haselnüssen sind die Hackspuren der Elster; sie stammen von der Spitze des Oberschnabels. Die Elster öffnet die Nüsse, ähnlich wie die Dohle, häufig auf dem Boden.

■ ■ (28)

Eichelhäher

Der Eichelhäher spaltet die Haselnüsse mit seinem kräftigen Schnabel zumeist von der Seite her in zwei Teile. Als Freßplatz dient häufig ein Baumstumpf.

■ ■ (28)

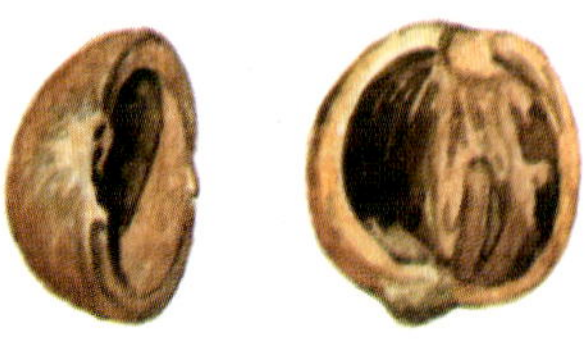

Dohle

Die Dohle hackt mit ihrem kräftigen Schnabel ein großes Loch in die Walnuß. Sie sitzt dabei auf dem Boden oder auf einem Zweig und hält die Nuß mit dem Fuß gegen die Unterlage.

(28)

Kohlmeise

Hacklöcher der Kohlmeise findet man in Walnüssen an den dünnwandigen Stellen in der Nähe der Spitze. Haselnüsse kann die Kohlmeise mit ihrem zarten Schnabel nur öffnen, solange diese noch unreif sind und eine weiche Schale haben.

(28)

Haselnußbohrer, Eichelbohrer

Eine „angebohrte" Haselnuß oder Eichel fällt meist frühzeitig ab. Sie diente der Larve des Haselnuß- oder des Eichelbohrers als Nahrungsquelle. Das kreisrunde Loch stammt von der Käferlarve, die zur Verpuppung aus der Frucht ausschlüpft

(28) (31)

Star

Der Star frißt gern das saftige Fruchtfleisch der Kirschen und der Weinbeeren. Treten die Stare in Schwärmen auf, können sie in Obst- und Weingärten großen Schaden anrichten.

Amsel

Kirschen und Weinbeeren werden auch häufig von Amseln „angepickt". Amseln werden daher zur Erntezeit in Obst- und Weingärten oft als sehr lästige „Gäste" empfunden.

46, 70

Kernbeißer

Der Kernbeißer knackt mit seinem besonders starken Schnabel die Kerne von Kirschen, Zwetschken und Schlehen sowie andere hartschalige Samen, um zum Samenkern zu gelangen. Die gleich großen Schalenhälften der Samen kann man zusammen mit den Resten der Früchte auf dem Boden finden.

Singdrossel
Die Fraßspuren der Drossel an Äpfeln sind gut zu erkennen: Die Äpfel sind ausgehöhlt und zeigen deutliche Marken des spitzen Schnabels. Die Vögel verzehren das Fruchtfleisch und lassen das Kerngehäuse und den größten Teil der Schale übrig.

70, 95

Mäuse, Ratten
In Äpfeln sind häufig Fraßspuren von kleinen Nagetieren, vor allem Ratten und Mäusen, zu finden. Die Zahnmarken entlang des benagten Schalenrandes oder die Vertiefungen im Fruchtfleisch sind in der Größe sehr verschieden. Besonders kleine Zahnmarken stammen von Mäusen.

38, 54, 94

Apfelwickler
Der sogenannte „Wurm" im Apfel ist die Raupe des Apfelwicklers. Sie ernährt sich von den unreifen Kernen und legt ihren Kot im Apfel ab. Apfelwicklerraupen wechseln von einem Apfel auf den anderen über; sie überwintern zwischen Laub und Moos.

(30)

Mäuse, Ratten

Mäuse und Ratten suchen häufig auf Getreidefeldern ihre Nahrung. Maiskolben werden auf der Pflanze selbst benagt. Getreidepflanzen mit dünnen Halmen werden „gefällt"; die Ähren werden abgenagt und zu einem Freßplatz gebracht. Die Nagespuren an reifen trockenen Körnern sind in Form und Größe sehr verschieden.

38, 54, 93

Feldsperling

Sperlinge finden in Getreidefeldern reichlich Nahrung. Sie picken, auf den Getreidepflanzen sitzend, Körner aus den Ähren. Die Vögel, die oft in Scharen die Felder besuchen, fressen aber auch sehr große Mengen Unkrautsamen.

46, 73

Braune Wegschnecke
Fraßspuren an Pilzen stammen sehr häufig von der Braunen Wegschnecke.
Die Schnecke ist an dem gelben bis orangefarbenen Körperschleim, den sie in großen Mengen absondert, zu erkennen.

■ (36)

Singdrossel
Zahlreiche leere, zerbrochene Schneckenhäuser auf einem Baumstumpf oder bei einem Stein zeigen den Futterplatz – die „Schneckenschmiede" – einer Singdrossel an.
Um zur Schnecke zu gelangen, hämmert die Drossel mit dem Gehäuse so lange auf eine harte Unterlage, bis es zerbricht.

■ ■ (38) (39) 70, 93

Ackerschnecke
Blätter verschiedener Nutzpflanzen zeigen häufig Fraßspuren von Ackerschnecken. Die oft sehr zahlreich auftretenden Schnecken können in Gärten und auf Feldern durch Blattfraß großen Schaden anrichten.

37 45

Kohlweißling
Kohl-, Rettich- oder Radieschenblätter, die bis auf die Blattrippen abgefressen sind, zeigen den Befall durch Kohlweißlingraupen an.

34 35 45

Kartoffelkäfer
Fraßspuren an den Blättern der Kartoffelstaude können sowohl vom Kartoffelkäfer als auch von der Kartoffelkäferlarve herrühren. Der Kartoffelkäfer kann in Kartoffelanbaugebieten großen Schaden anrichten.

(45)

Maikäfer
Maikäfer fressen mit Vorliebe Eichenlaub, aber auch Blätter der Roßkastanie, der Buche, des Ahorns und verschiedener Obstbäume.
An den Blattresten sind die Spuren der scherenartig arbeitenden Oberkiefer zu sehen.
Unter einem Baum, der von einem Maikäferschwarm besucht wurde, sind große Blatteile und der Kot der Käfer zu finden.

(32) (33) (45)

Gemeiner Frostspanner

Versponnene und ausgefressene Knospen sowie versponnene, durchlöcherte und bis zu den Mittelrippen abgefressene Blätter sind Spuren der Frostspannerraupen. Sie sind im Frühjahr vor allem auf Obstbäumen zu finden. Die erwachsenen Raupen „seilen" sich im Frühsommer am selbstgesponnenen Faden von der Pflanze „ab" und verpuppen sich in der Erde.

(45)

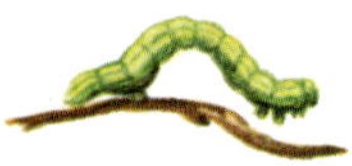

Eichenwickler

Eichen, die vom Eichenwickler befallen sind, haben stark zerfressene und durch Gespinste zusammengezogene Blätter.
Die Raupen, die von Baum zu Baum wandern, bohren sich bereits in die aufbrechenden Knospen; sie verpuppen sich in den zuletzt angefressenen Blättern.

(45)

Kiefernspinner

Die Raupen des Kiefernspinners sind Nadelfresser; ihre Fraßspuren sind an den Nadelrändern zu finden. Der Kiefernspinner tritt manchmal in Massen auf. Am Stamm und an den Zweigen der befallenen Bäume entdeckt man auch Puppenkokons: gelbgraue, spindelförmige Gespinste, die die Puppe umschließen.

■ (45)

Nonne

Die Raupen der Nonne fressen vor allem Fichten- und Kiefernnadeln. Die abgebissenen Nadelspitzen fallen zum großen Teil zu Boden. Manchmal kommt es zu einem massenhaften Auftreten der Nonne; die Raupen können Fichtenwälder durch Kahlfraß schwer schädigen.

■ (45)

Miniermotten

Helle Schlangenlinien, Flecke und blasenförmige Gebilde auf Blättern können durch Miniermottenraupen hervorgerufen werden. Die winzigkleinen Raupen „minieren“ in den Blättern, das heißt, sie fressen Gänge in das Blattgewebe. Mit zunehmender Größe der Raupen werden auch die Minen weiter.

Auf Eichenblättern fallen im Spätsommer die Blasenminen der Eichenminiermotte auf.

(40) (41)

Die Gangminen in den Blättern der Sumpfdotterblume zeigen deutlich, daß die Größe der minierenden Raupe zunimmt.

(41) (42)

Blattminen auf Gräsern werden oft für verdorrte Blattstellen gehalten.

(41)

Minierfliegen

Auch Fliegenlarven „minieren“ in Blättern. Je nach Fliegenart entstehen verschiedene Minen. In manchen ist die Larve oder die Puppe gut zu sehen.

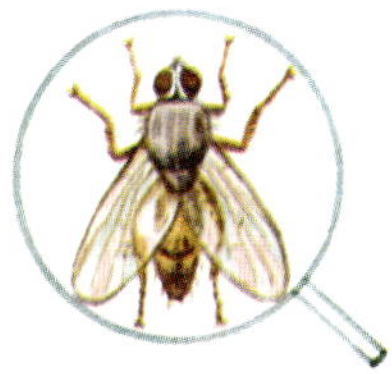

Auf Kleeblättern sind häufig Gangplatzminen zu sehen. Minen auf Distelblättern können von verschiedenen Insektenlarven stammen.

(41) (42)

Minen nehmen oft die ganze Blattbreite der Gräser ein.

(41)

Eichenspringrüßler, Buchenspringrüßler

Weißlichgelbe bis braune Flächen auf Eichen- und Buchenblättern – sogenannte Platzminen – sind zumeist Fraßspuren winzigkleiner Käferlarven. Die Larven des Eichenspringrüßlers und des Buchenspringrüßlers verzehren bestimmte Schichten im Inneren der Blätter und verpuppen sich später in den entstandenen Minen.

41 43

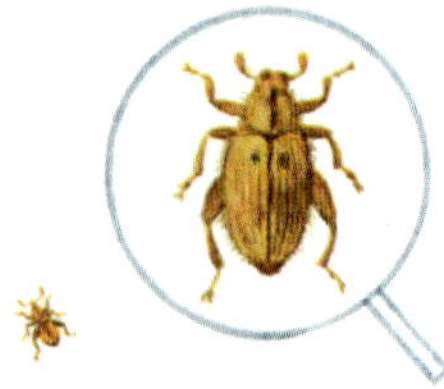

Erdflohkäfer

Löcher in Radieschen- oder Kohlblättern zeigen an, daß die Pflanzen vom Erdflohkäfer befallen sind. Auch die Käferlarven richten Schaden an; sie leben in den Blättern und Blattstielen und höhlen sie von innen her aus.

41 44 45

Gallen, Gehäuse und andere Gebilde

Häufig fallen uns in der Natur eigenartige Veränderungen an Pflanzen auf: eingerollte Blätter, angeschwollene, gedrehte Blattstiele, versponnene Pflanzenteile oder verschieden geformte Gebilde an Wurzeln, Knospen oder Blättern. Der aufmerksame Beobachter findet bald heraus, daß sie von Tieren verursacht wurden. Zumeist sind es Insekten – darunter winzigkleine Tiere –, die die sonderbaren Verformungen hervorrufen. Eine besonders große Gruppe der eigenartigen Pflanzengebilde sind Wucherungen, sogenannte Gallen. Es gibt über 2000 Arten von Gallen in den verschiedensten Formen, Farben und Größen: Gallen in Kugelform, in Linsen-, Beutel- oder Napfform; schwammartige, blasenförmige, knollige Gebilde. Gallen von Zigarrenlänge, kirschgroße und ganz kleine Gallen; gelbe, grünliche, violette, rötliche, rot überlaufene und braune Gallen – der Vielfalt der Natur sind auch hier keine Grenzen gesetzt.
Bestimmte Wespen, Milben und Fliegen, aber auch Pflanzenläuse verursachen die Bildung der Wucherungen, die vor allem als Schutz und Nahrung für die junge Brut dienen.
Neben den Gallen gibt es noch mannigfaltige andere Gebilde an Pflanzen, die ebenfalls die Aufgabe haben, jungen Tieren während ihrer Entwicklung als Gehäuse zu dienen; zum Beispiel Blätter in Form von Büchsen und Tüten oder andere, die zu Trichtern und Röhren zusammengerollt und manchmal durch Gespinstfäden zusammengehalten sind. Sie beherbergen Eier, Larven und Puppen bestimmter Insekten.

Rosengallwespe
Die oft sehr großen zottigen Gallen an Heckenrosensträuchern – „Rosenäpfel" oder „Schlafäpfel" genannt – sind mit langen verzweigten, moosartigen Fasern bewachsen. Im Inneren der Gallen sind zahlreiche Kammern, die die Larven der Rosengallwespe beherbergen.

(49) (50)

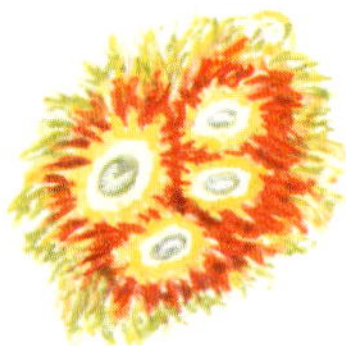

Eichenschwammgallwespe
An den Zweigspitzen der Eiche sind häufig große knollenförmige Gallen, „Eichäpfel" oder „Kartoffelgallen" genannt, zu finden. Sie sind zuerst weißlichbraun und schwammig, später hart und dunkelbraun. Die länglichen Kammern im Inneren der Gallen sind mit je einer Larve besetzt. An reifen Gallen kann man die Ausschlupflöcher der jungen Wespen sehen.

(47) (51)

Fichtengallenlaus

Ananasähnliche oder zapfenförmige Gebilde an Fichtenzweigen werden durch kleine Läuse hervorgerufen, die an den Knospen saugen. Die Kleine Ananasgalle der Roten Fichtengallenlaus ist mit kurzen Nadelstümpfen besetzt; die Große Ananasgalle der Grünen Fichtengallenlaus ist zumeist vom Fichtentrieb durchwachsen. Die Jungläuse, die sich in den Gallen entwickeln, befallen häufig auch Lärchennadeln.

(53)

Weidenrutengallmücke

An den Zweigen – den Ruten – der Weide, besonders der Purpurweide, sind häufig braune spindelförmige Auftreibungen zu sehen. In den vielkammerigen Gallen entwickeln sich die Weidenrutengallmücken, die Ende April, Anfang Mai ausschwärmen.

Gemeine Eichengallwespe

Auf Eichenblättern sind die verschiedensten Formen von Gallen zu finden. Besonders auffallend sind die „Galläpfel“ der Gemeinen Eichengallwespe. In ihnen entwickeln sich Gallwespenweibchen; diese schlüpfen im Winter aus den Gallen aus und legen bald darauf ihre Eier in die Blattknospen ab.

■ (46) (47) (48)

Buchengallmücke

Im Frühjahr sind auf Rotbuchenblättern häufig die sehr harten eiförmigen und zugespitzten Gallen der Buchengallmücke zu sehen. Sie sind anfangs grün, später rot bis braun verfärbt. Die Gallen beherbergen und ernähren je eine Mückenlarve und lösen sich vor dem Laubfall von den Blättern ab.

■ (46) (52)

Gallmilbe

Blätter des Ahorns, besonders des Bergahorns, sind häufig mit Massen von sehr kleinen, etwas gebogenen Beutelgallen besetzt. Sie sind grünlich, oft rot überlaufen und werden später braun. In den Beutelchen entwickeln sich die winzigkleinen Milben.

(46)

Ulmenblattgallenlaus

Ulmen werden besonders stark von Läusen befallen. Gestielte birnen- oder bohnenförmige Blattgallen stammen von der Ulmenblattgallenlaus. Die Gallen öffnen sich Ende Juni und entlassen geflügelte Jungläuse, die sich an den Wurzeln verschiedener Gräser ansiedeln und fortpflanzen.

(46)

Spiralgallenlaus

An Pappelblättern fallen im Frühsommer häufig schraubenförmig gedrehte Gebilde auf – die Blattstielgallen der Spiralgallenlaus. In ihnen entwickeln sich unzählige Larven zu Blattläusen.

(46)

Rebenstecher

An Weinstöcken, an Apfel- und Birnbäumen, aber auch an anderen Laubbäumen sind im Frühjahr die „Zigarrenwickel“ des Rebenstechers, eines Rüsselkäfers, zu finden. Die Blattwickel sind das Werk des Käferweibchens und dienen den Larven als Wohnung und Nahrung.

Ähnliche trichterartige Gehäuse aus Blättern werden auch von anderen Rüsselkäfern, zum Beispiel vom Birkenblattroller und vom Pappelblattroller, verfertigt.

(54) (56)

Rebenstecher

Eichenblattroller, Haselblattroller

Das Weibchen des Eichenblattrollers formt Teile der Eichenblätter zu büchsenförmigen Röllchen. In jedem Röllchen überwintert eine Larve, die im Frühjahr das Gehäuse verläßt und sich im Boden verpuppt.
In den tönnchenartigen Blattrollen des Haselblattrollers geht die ganze Entwicklung des Insekts vor sich.

(54) (57)

Haselblattroller

Fliedermotte
Von der Spitze her eingerollte Blätter – „Tüten“ – auf Fliedersträuchern stammen von der Fliedermotte. Sie sind durch feine Gespinstfäden zusammengehalten und meist von einer oder mehreren kleinen Raupen „bewohnt“. Blattüten der Fliedermotte findet man auch auf Esche und Liguster.

■ (55)

Blattschneiderbiene
Besondere Gehäuse aus Pflanzenteilen sind das Werk der Blattschneiderbiene: Aus Rosenblättern werden ovale und runde Stücke ausgeschnitten und fingerhutartig geformt. Jeder „Fingerhut“ wird mit einem Ei und etwas Blütenstaub versehen und mit einem runden Blattstück zugedeckt. Die „Brutzellen“ stecken übereinander in hohlen Pflanzenstengeln oder in morschem Holz.

■ (58)

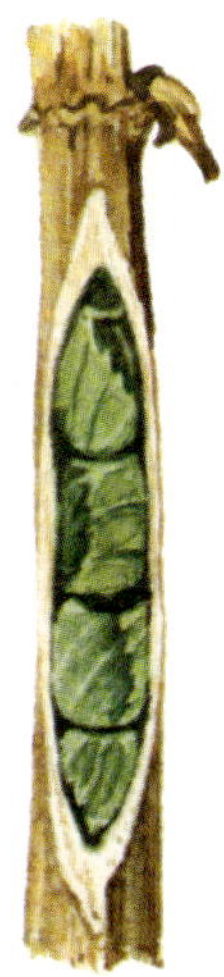

Apfelbaumgespinstmotte

Große netzartige Gespinste an den Trieben und Blättern von Traubenkirsche, Apfel, Weißdorn und Schlehdorn stammen meist von der Apfelbaumgespinstmotte oder der Traubenkirschengespinstmotte. Die Gespinste überziehen oft ganze Hecken oder kleinere Bäume. Sie beherbergen unzählige Raupen und später die Puppen der Falter.

(45)

Schaumzikade

An manchen Wiesenpflanzen und an jungen Weidentrieben ist im Frühjahr speichelartiger Schaum zu sehen. Der sogenannte „Kuckucksspeichel“ wird von den Larven der Wiesenschaumzikade ausgeschieden und schützt sie vor Verfolgung und vor dem Austrocknen.

(59)

Anhang

Was du als Naturbeobachter und Spurenforscher tun kannst:

(Mit Hilfe der Seitenangaben sind die zu einem bestimmten Auftrag passenden Abbildungen und Texte zu finden.)

(1) Benütze während des Winterurlaubes die Gelegenheit, an einer Wildfütterung teilzunehmen: Du kannst dabei sicher Trittsiegel und Fährten des Wildes „studieren"!
24, 25, 26

(2) Skizziere ein Trittsiegel und ein Stück der Trittspur!
24, 25, 26, 27, 28, 29, 30, 31, 32, 33, 40, 41, 42, 43, 44, 45, 46

(3) Zeichne die Spur und versuche herauszufinden, in welche Richtung das Tier gelaufen ist!
34, 35, 36, 37, 38, 39

(4) Beobachte, wie sich das Eichhörnchen auf dem Boden bewegt!
37

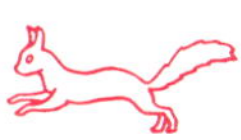

(5) Erkläre die Bezeichnung „schnüren"!
32

(6) Ein Igel im Garten wird leicht zutraulich und kann gut beobachtet werden. Stelle dem Igel regelmäßig ein Schälchen Milch hin! Laß für seine Überwinterung einige Laubhaufen liegen!
39

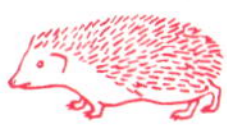

(7) Vergleiche die Spur des Igels mit der des Dachses!
24, 39

(8) Zeichne die Trittsiegel von Hund und Katze und vergleiche sie miteinander! Schreibe die wichtigen Unterschiede zur Skizze!
33

(9) Erbitte in einer Wildprethandlung einen Rehlauf und Hasen- und Kaninchenpfoten! Mache damit auf feuchtem Sand Abdrücke! Erkläre und zeichne die Trittsiegel!
26, 36

(10) Füße von Enten, Gänsen und Hühnern sind in der Geflügelhandlung leicht zu bekommen. Drücke die Zehen auf feuchtem Sand ab und zeichne die entstandenen Trittsiegel!
42

(11) Beobachte den Storch auch beim Fliegen und vergleiche sein Flugbild mit dem des Reihers!
40

(12) Beschreibe die Fundstelle der Losung! Überlege, ob die Losung auf dem Freßplatz des Tieres liegt oder ob das Lager oder der Bau des Tieres in der Nähe sein kann!
50, 51, 52, 53, 54

(13) Versuche, eine Gruppe von Maulwurfshügeln in einer Planskizze festzuhalten!

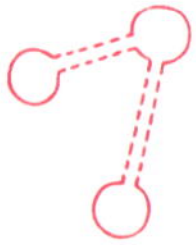

(14) Vergleiche die Hügel des Maulwurfs mit den Hügeln der Schermaus!
63

(15) Erkläre, wie der Maulwurf für sein Leben unter der Erde eingerichtet ist!
63

(16) Schreibe auf, wann du das Trommeln des Spechtes im Frühjahr zum ersten Mal gehört hast!
72, 81

(17) Ein verlassenes Vogelnest, das auf den Boden gefallen ist, darfst du mitnehmen und „untersuchen". Versuche, die Materialien zu erkennen, die zum Bau verwendet wurden!
70, 71

(18) Beobachte Schwalben beim Nestbau! Finde heraus, woher sie das „Baumaterial" nehmen! Skizziere ein Schwalbennest und seine Umgebung!
74

(19) Vergleiche Schwalbennester mit Nestern anderer Vögel!
74

(20) Vergleiche das Nest der Rauchschwalbe mit dem der Mehlschwalbe!
74

(21) Vergleiche Geräte der Holzbearbeitung mit dem Spechtschnabel!
81

(22) Suche nach Rindenstücken mit Fraßgängen! Versuche, das Fraßbild zu zeichnen!
84, 85

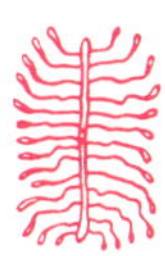

(23) Laß dir von einem Förster Forstschädlinge und ihre Schadbilder zeigen!
82, 83, 84, 85

(24) Im Juni kann man im Fichtenwald oft Dutzende Riesenholzwespen sehen, die geräuschvoll zwischen den Stämmen fliegen. Beobachte, wie sich eine Holzwespe auf einem Stamm niederläßt und mit Hilfe des langen Legebohrers Eier in das Holz hineinlegt!
82

(25) Sammle Zapfen mit Fraßspuren, befestige sie auf einem Karton und schreibe die Namen der „Täter" dazu!
86, 87

(26) Beobachte, wie das Eichhörnchen einen Zapfen entschuppt!
86

(27) Löse von reifen Fichten- oder Föhrenzapfen einige Schuppen ab und stelle fest, wo die Samen sitzen, die von den Tieren gefressen werden!
86, 87

(28) Lege eine Sammlung von Nüssen und Nußschalen mit Fraßspuren an!
88, 89, 90, 91

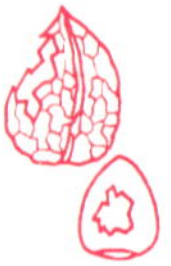

(29) Beobachte, wie das Eichhörnchen eine Nuß öffnet!
88

(30) Auch der sogenannte „Wurm" in der Kirsche ist eine Larve eines Insekts, und zwar der 4 mm großen Kirschfruchtfliege.
93

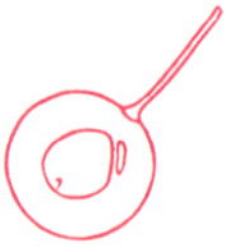

(31) Sammle im August Haselnüsse, die schon bräunlich sind! Öffne einige Nüsse und suche nach der Larve des Haselnußbohrers! Lege einige befallene Nüsse in ein Glas, das bis zur Hälfte mit Erde gefüllt ist! Halte die Erde feucht und warte, ob sich die Larven aus den Nüssen herausbohren!
91

(32) Beobachte einen Maikäfer beim Fressen! Achte auf das Freßgeräusch! Zeichne ein Blatt mit den Fraßspuren!
97

(33) Erinnere oder erkundige dich, wann in deiner Heimat Maikäferjahre waren!
97

(34) Beobachte eine Raupe beim Fressen! Zeichne ein Blatt mit den Fraßspuren!
96

(35) Lege ein Kohlblatt mit Raupen des Kohlweißlings in ein großes Einmachglas und verschließe dieses mit Gaze! Füttere die Raupen mit frischen Kohlblättern und beobachte ihre Entwicklung! Zeichne ein Blatt mit den Fraßspuren!
96

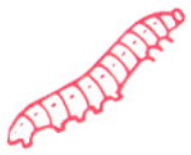

(36) Laß Pilze – auch wenn sie für den Menschen nicht genießbar sind – auf jeden Fall stehen! Sie können verschiedenen Tieren als Nahrung dienen.
95

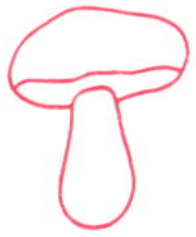

(37) Gib eine Schnecke für einige Tage in ein großes Glas und füttere sie mit Salatblättern! Beobachte, wie die Schnecke frißt! Zeichne ein Blatt mit den Fraßspuren!
96

(38) Studiere das Innere eines Schneckenhauses! Stelle fest, ob die Gehäuse von Schnirkelschnecken, Weinbergschnecken oder anderen Schnecken stammen!
95

(39) Vergleiche die „zerschmetterten“ Schneckenhäuser mit solchen, die von anderen Tieren geöffnet wurden. Mäuse und Ratten benagen die Schneckenhäuser von der Spitze aus entlang den Windungen. Ein Teil der letzten breiten Windung bleibt gewöhnlich unbeschädigt.
95

(40) Die Fraßspuren der „Minierer“ sind Ende August in den Blättern zu sehen. Finde heraus, ob die Larven noch in den Blättern hausen! Stelle auch fest, ob der Kot der Larven in der Mine zurückgeblieben ist!
100

(41) Sammle Blätter mit Minen und presse sie! Vergleiche die verschiedenen Formen der Minen und zeichne sie!
100, 101, 102

(42) Versuche herauszufinden, wo die Larve zu minieren begann und wo sie aufgehört hat.
100

(43) Mitte Mai kann man auf den Blättern der Buche den etwa $2\frac{1}{2}$ mm großen Buchenspringrüßler sehen.
102

(44) Beobachte – am besten im Juli – bei trockenem Wetter die etwa 3 mm großen Erdflohkäfer auf Kohlpflanzen.
102

(45) Erkundige dich bei einem Gärtner, Forstmann oder Landwirt nach Möglichkeiten der Schädlingsbekämpfung!
96, 97, 98, 99, 102, 112

(46) Lege – am besten im Juni – eine Sammlung verschiedener Gallen an! Stelle fest, von welchen Pflanzen die befallenen Blätter stammen!
108, 109

(47) Öffne einen Gallapfel und suche nach der Larve, die sich aus dem Ei der Gallwespe entwickelt hat!
106, 108

(48) Lege im August ein Blatt mit einer Eichengalle in ein großes Einmachglas und verschließe dieses mit Gaze! Versuche, im September/Oktober das Ausschlüpfen der Wespe zu beobachten!
108

(49) Öffne einen „Rosenapfel" und zähle die Larven, die du sehen kannst!
106

(50) Lege im März Rosengallen in ein großes Glas, das mit Gaze verschlossen wird! Achte im Mai auf das Ausschlüpfen der Gallwespe!
106

(51) Wähle im Spätsommer verschieden alte Schwammgallen aus und schneide sie durch! Versuche festzustellen, in welchem Stadium der Entwicklung das kleine Lebewesen in jeder einzelnen Galle ist!
106

(52) Löse im September einige Gallen von den Buchenblättern und lege sie in ein großes Glas, das bis zur Hälfte mit Erde gefüllt ist! Verschließe das Glas mit Gaze! Achte im nächsten Frühjahr auf das Ausschlüpfen der Buchengallmücken!
108

(53) Untersuche die Ananasgalle und stelle fest, ob die Kämmerchen schon geplatzt und die jungen Blattläuse ausgeflogen sind!
107

(54) Öffne ein Blattgehäuse und „forsche“ den Bewohner „aus“! Überlege, in welchen Arbeitsvorgängen das Gehäuse gebildet wurde! Skizziere!
110

(55) Nimm eine Raupe der Fliedermotte aus der Blattrolle und setze sie auf ein frisches Blatt! Vielleicht kannst du beobachten, wie ein neues Gehäuse entsteht.
111

(56) Versuche, in den Tüten des Birkenblattrollers die weißliche Larve zu finden und in der Umgebung den 4 mm großen Käfer zu entdecken!
110

(57) Anfang Juni kann man auf Erlen, Haselsträuchern und Birken die 3 bis 4 mm großen Käfer an der Arbeit sehen.
110

(58) Suche im Juli an zarten Rosenblättern und auch an den Blättern der Robinie nach den Fraßspuren der Blattschneiderbiene!
111

(59) Suche auf Wiesenpflanzen nach dem weißen Schaum der Schaumzikadenlarve! Löse die grünliche Larve vorsichtig aus dem Schaum heraus und setze sie auf eine andere Stelle des Pflanzenstengels! Beobachte mit einer Lupe, wie sie die Pflanze ansticht und wie der Schaum entsteht!
112

Spurenforscher im Laufe der Jahreszeiten

(60) Die Übersicht zeigt, in welcher Jahreszeit bestimmte Spuren und Zeichen häufig zu finden sind.
Die Seitenangaben in Klammer führen zu den Abbildungen und Texten im Bildteil.

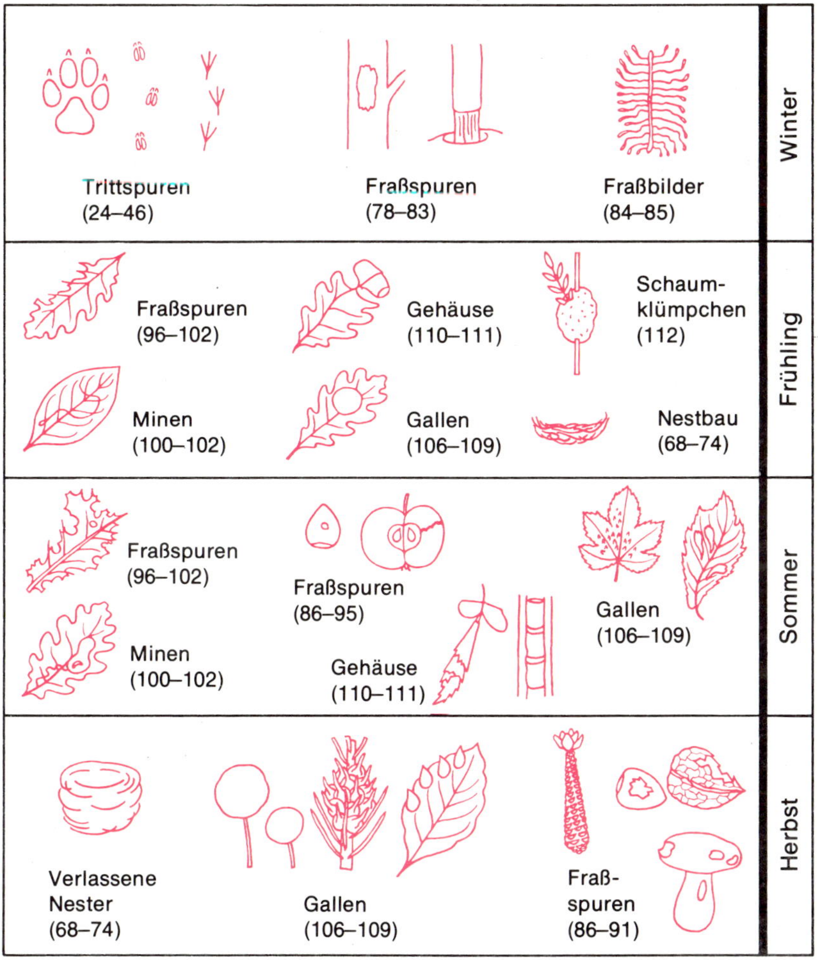

Beobachtungstafel

für das Eintragen eigener Beobachtungen

(Für ausführlichere Notizen und größere Skizzen legt man am besten immer einige Blatt Papier in das Buch ein, die man dann in einer Mappe sammelt.)

Spur, Zeichen	Wann?	Wo?
 Rothirsch Ballen feuchter Boden	26.3.1985	im Schönbuch bei Tübingen

Spur, Zeichen	Wann?	Wo?

Verzeichnis der Tiere